走进奇妙的几何世界

飞翔的圆

[英] 格里·贝利　[英] 费利西娅·劳 著

[英] 迈克·菲利普斯 绘　李耘 译

北京联合出版公司
Beijing United Publishing Co.,Ltd.

跟着雷奥学几何

雷奥生活在距今 30000 年前的旧石器时代，是当时最聪明的孩子。

这就是雷奥！

高智商，创造力堪比达·芬奇，还远远、远远走在时代前沿……

这是兔狲帕拉斯——雷奥的宠物。

帕拉斯是野生猫类，说他是旧石器时代的也没错，他的祖先可以追溯到好几百万年前，可比雷奥的祖先出现得早多了！现在已经很少能看到兔狲了，除非你去西伯利亚北部（俄罗斯的最北边）冰冻、寒冷的荒原。

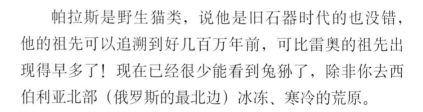

在俄罗斯北部偏僻的高原地带仍然可以看到兔狲。

目录

照片引用：

封面 Marcio Jose Bastos Silva
扉页 Marcio Jose Bastos Silva
P. 2 Gerald Lacz/age footstock/Superstock
P. 3 David M. Schrader
P. 4 MARGRIT HIRSCH Marco Cavina, Ryan M.
Bolton, risteski goce eduard ionescu
P. 5 （上）vedderman123 （下）mikeledray
P. 7 （上）Caitlin Mirra （下）kevin bampton
P. 8 Melanie DeFazio
P. 9 （从左到右）Radlovsk Yaroslav, Oleg Golovnev, Lipsky,
Gina Smith, George Bailey, Shutterstock, Jan Matoska, Karin
Hildebrand Lau
P. 10 Heather A. Craig
P. 11 （上）wildlywise （下）javarman
P. 13 （上）Elena Larina （中）B. Melo （左下）shabaneiro
（右下）Tripplex
P. 15 （左）Vladimir V. Georgleveskly （右）Luciano Mortula
P. 17 （上）ruzanna （中）CROM （右中）xpixel （下）Pavelk
P. 19 （上）Henrik Lehnerer （中）Joanna Wnuk （下）Diane
Garcia
P. 21 （上）Marta P. （中）Tischenko Irina （下）Robert J.
Beyers
P. 23 Ian Bracegirdle
P. 25 （上）Alex Balako （中）Selyutina Olga （左下）D&D
Photos （右下）alanf
P. 27 （上）Jeanne Hatch （下）Marcio Jose Bastos Silva
P. 28/29 Scott A. Frangos
P. 29 Oria
P. 31 （上）Morozova （下）holbox

除特别注明外，所有照片都来源于 Shutterstock.com

收集牙齿

帕拉斯碰到难题了。他老是碰到难题，不过这次看起来很严重。

"好啦，帕拉斯，"雷奥说，"发生什么事了？"

帕拉斯掏出一颗弯弯的牙齿。

"我牙掉了，"他哭喊起来，"一定是昨天晚上掉的！"

"这不是你的牙齿，"雷奥叹了口气，"这颗牙是弯的，你的牙是直的。但你还是张开嘴让我检查一下吧。"

"一颗都没少。"雷奥说，"不过，这颗牙倒是个大发现，我要把它留下来。"

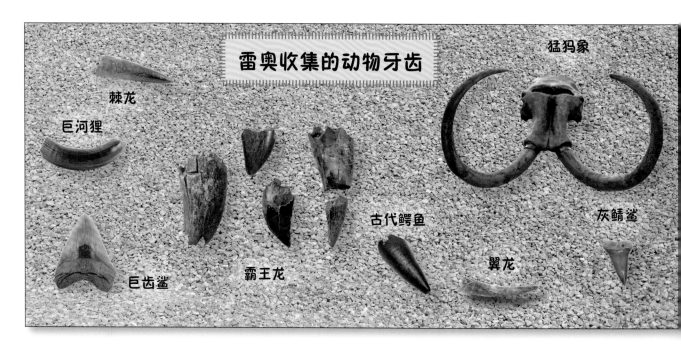

雷奥收集的动物牙齿

棘龙

巨河狸

猛犸象

古代鳄鱼

灰鲭鲨

翼龙

巨齿鲨

霸王龙

"帕拉斯，这些直的牙齿的主人跟你一样，捕食时会用牙齿把东西紧紧咬住。"

"而这些弯弯的牙齿可以像钩子一样钩住猎物，然后把它们撕开。"

这种已经灭绝的鳄鱼有笔直而锋利的牙齿。

剑齿虎有弯弯的犬齿。

"猛犸象的牙齿是用来打架和在雪地里挖洞的，它们的牙齿太弯了，几乎成了一个圆圈。"

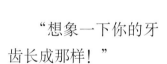

"想象一下你的牙齿长成那样！"

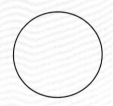

点和曲线

这是一个点。

·

点是线的起始和终止。一个个点相邻排列，可以形成一条线。

· · · · · · · · · · · · · ·

两点之间画一条线，这两个点就是线的起点和终点。两点相连可以形成一条直线。

两点相连，除了直线，还可能形成一条曲线，或者说一个弯。两点之间的曲线称为弧。

如果曲线一直沿着同样的角度弯曲，它将会回到开始的地方，这就会形成圆。

5

圆

"雷奥，你拿着铁锹做什么？"帕拉斯问，"你要挖坑吗？"

"是啊，"雷奥说，"我们都得挖！来，给你个铲子！晚上有部落聚会，需要一个火坑。"

"容易！"帕拉斯说，"挖个坑，点堆火！"

"没那么简单，那些成员老是争论谁最重要，谁应该坐主位。所以，咱们得确保没有哪个位置显得更重要。"

"祝你好运！"帕拉斯说。

雷奥解释道："看看这个形状，这是一个圆，把火点在圆的中心，这样每个人到火的距离都是一样的。"

"同样，所有正对着的两个人之间的距离也都一样。"

"现在你看——圆周上没有哪个位置比别的位置更重要。"

6

画一个圆

你可以用圆规画圆，也可以利用铅笔、绳子和图钉画一个圆。

将绳子的一端系在铅笔上。另一端系在图钉上，拿一叠纸，

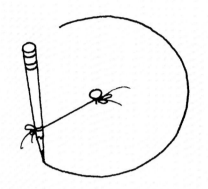

把图钉摁在上面。

用手压住纸，绕着图钉缓慢地移动铅笔，始终保持绳子紧绷。一个完美的圆就诞生了。

穿过圆心到圆上两点间的距离叫作直径。

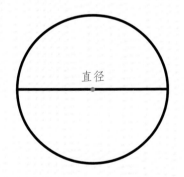

圆上任意一点到圆心的距离叫作半径。

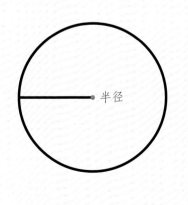

美国原住民的圆形火坑

亚瑟王的圆桌

亚瑟王是不列颠一位传说中的国王，据说生活在公元六世纪。他和他英勇的骑士们领导了不列颠人民抵抗外敌入侵的战斗。

骑士们每次集会都围坐在圆桌旁。"圆桌"意味着没有主位，每个人的重要性都是一样的。

现悬挂于英国温切斯特大教堂的亚瑟王的圆桌模型

看圆

"今晚是满月，"雷奥说，"看，完整的一个圆。"

"我上次看的时候可不是这样的，"帕拉斯说，"那会儿还只是一道细细的月牙。"

"那是因为它围着我们的地球转，边转边被太阳光照亮。"雷奥说。

"可是，晚上没有太阳啊。"帕拉斯说。

"从咱们这儿看不到太阳，但月球那里能看到。月球绕地球运行到某个位置时，太阳可能会照到整个月球——那就是满月。太阳也可能只照到月球的一半，还可能只照到月球的一点——那就是你看到的月牙，还有可能照到月球的四分之三。"雷奥说。

"或者一点也照不到，"帕拉斯说，"那时候就谁也看不见谁了。"

月球的形状

我们能看见夜空中的月球，是因为有太阳光的照射。月球绕地球旋转时，随着被太阳照亮的地方越来越多，我们就看到了蛾眉月、弦月和满月。

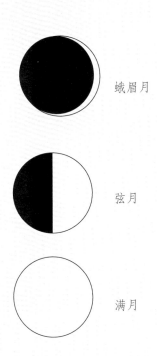

蛾眉月

弦月

满月

身边的圆

圆在生活中随处可见。它们常被用作标志，传递某种信息。另外，硬币等生活中的很多东西都是圆形的。

硬币通常被铸造为圆形的。

我们用圆在日历上圈出特别的日子。

圆规是用来画圆的。

奥林匹克的标志是五个相交的圆环。

钟表的圆形钟面上平均分布着十二个刻度。

人们围成圆圈来做游戏和运动。

巨石阵是由巨大的、被摆成圆圈的石头组成的。

9

半圆

"哇，有一个山洞！"雷奥正爬到半山腰上，"我们去探险吧！"

帕拉斯有点儿迟疑："感觉有什么动物住在里面，我闻到味道了。"

"那我们就去一探究竟！你看入口的形状，这儿真是数学天才的理想居所。"雷奥说。

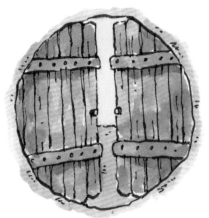

他指着入口，那是一个完美的半圆形。

"不过这个味道，"帕拉斯有点儿担心，"这让我想起……"

雷奥根本没有听。"我可以让这儿变得很舒适，"他说，"在入口装上门就可以了。看——我们可以把这个半圆形分成两半，两扇门方便开关，然后我们就可以进去了。"

就在这时，帕拉斯突然想起那是什么味道了。

那是熊的味道！

半圆形

半圆形实际上是圆的一部分且正好是圆的一半。

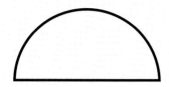

圆的一部分叫作扇形。

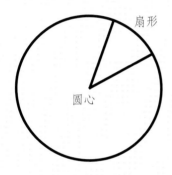

半圆形的底部是整个圆的直径,即那条穿过圆心的线。

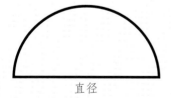

直径

孔雀开屏时,尾巴几近一个完美的半圆形,以此向其他孔雀炫耀自己的美丽。

希腊埃皮达鲁斯圆形剧场

圆形剧场

在古希腊和古罗马,人们修建露天的圆形剧场来举办娱乐活动或演出舞台剧。剧场有半圆形的座位区,围在中间的平坦区域是舞台。圆形剧场通常依山而建,一排排石头座位逐级升高,整个观众席呈阶梯状。即使在最后一排,人们也能清楚地听到舞台上哪怕最细微的声音。

饼图

"喵！看起来真不错。"雷奥烤了一个热气腾腾的大角鹿饼，帕拉斯的鼻子已经贴得不能再近了。

"这不是给咱们吃的，"雷奥说，"把你的鼻子拿开，这是给长辈吃的。"

"为了公平，我得把这张饼分成大小完全一样的几份。"雷奥接着说，"我需要一个图表。"

"饼都快凉了，"帕拉斯提醒道，"你就不能先把数学放到一边吗？"

"不行，"雷奥说，"我们需要图表。图表作用很大，可以直观地展示很多信息，让人们或是你这样的猫理解起来更容易。像今天这种情况，我们就要用到饼图。"

饼图

饼图是用来展示部分圆（也就是扇形）和整个圆之间的关系的。饼图的基础是一个圆。扇形，是从圆心开始的，包括两条半径及其之间的圆的部分。

每个扇形都是圆的一部分，它所占的圆的比例通常用分数表示，比如 1/2、1/4、3/4 等。

当然也可以写成百分数，比如 20%、50% 等。

"嗯，如果让我来分，我就给自己切块大的，再给你切块大的，剩下的部分让他们争去呗。"帕拉斯说。

"所以他们把这项工作交给了我这样一位数学家呀，"雷奥说，"而不是交给一只贪吃的猫。"

饼图——以蓝色部分为例

整个

3/4 或 75%

1/2 或 50%

1/3 或 33%

1/4 或 25%

1/5 或 20%

比萨饼被平均切成了 8 块，每一块都是整个饼的 1/8。

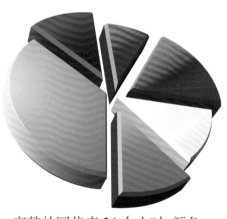

你的饼图

饼图可以用于记录各类信息和数据。你可以把一天的时间分配做成一个饼图。完整的圆代表 24 个小时，颜色、大小不同的几个扇形，分别表示你用在睡觉、上学、吃饭、玩游戏、看电视，以及其他事情上的时间。

转啊转

整个部落正在筹办一年一度的运动会，雷奥必须得想出新的活动来，一项帕拉斯也能参与的活动。

"来场猫的表演秀怎么样？"帕拉斯建议，"表现最完美的猫可以获得冠军。"

"我想人家说的是运动，而不是找个肥猫趴在垫子上。"雷奥说。他努力地想啊想，终于有主意了。

"嘿，帕拉斯，我想到一项最适合你的活动，快来试试。"雷奥拿出一个木头做的圆圈，说："这是呼啦圈，把它套在腰上转。谁转的时间长，谁就赢了。"

雷奥没问题，不过把呼啦圈从帕拉斯的屁股那儿套上去可费劲了。很明显，他没有什么运动细胞。

"熟能生巧。"雷奥说。

转动的圆

圆很容易动起来，可以滚动，可以旋转。

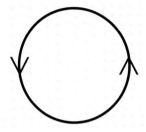

圆可以在垂直方向上旋转，轮子就是这么滚动的。

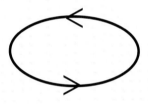

圆也可以在水平方向上旋转，旋转木马就是沿着水平方向转动的。

伦敦眼是超大型摩天轮，转得非常缓慢。

旋转木马沿着水平方向旋转。

15

轮子

"太沉了！"帕拉斯嘟囔着，他正拉着一个雪橇，上面趴着一只已经死掉的巨河狸，"你就不能搭把手吗？"

"我在想呢，"雷奥说，"想个可以帮你的好办法。"
"你就不能一边拉一边想吗？"帕拉斯问。不过，雷奥已经想到好办法了。

他从树干上锯下四截木头。"这就是你的好主意啊？"帕拉斯嘲笑道，"用来盛巨河狸的木头盘子？"

"等等！"雷奥说。他在每截木头的中心钻了洞，用棍子把两截木头串起来，然后安在雪橇下面。

"轮子！"他说，"有了这个，干活就不难了！"

以前人们用石头做的轮子将谷物碾压成粉。

有用的轮子

轮轴是六种简单机械之一。辘轳就是利用轮轴原理制成的井上汲水的起重装置。绳子的一头系在桶上，另一头缠在辘轳上，转动辘轳可以将桶拉上或放下。

辘轳

轮轴

轮轴由圆轮和一根穿过轮子中心的叫作轴的杆子组成，轮子的中心叫作轴心，轮子和轴一起绕着穿过轴心的轴线旋转。轴线是一条假想的线。

把木头切割后做成轮子，已经有几千年的历史了。

半径

半径是从圆心到圆的边缘（圆周）的距离。车轮每一根辐条的长度都等于轮子的半径。

半径

圆心

17

旋转的桨叶

"那到底是个什么东西？"帕拉斯指着雷奥做的新鲜玩意儿问道。

"这是我的直升机，"雷奥说，"是个飞行器。"

"你不可能飞起来的，"帕拉斯嘲笑道，"那玩意儿怎么能把像你这么沉的东西带离地面。"

"不过它可以带你飞。"雷奥说。

"不可能！"帕拉斯说，"你都不知道它到底能不能飞。"

"我保证它能飞，"雷奥说，"它能像这棵枫树的种子一样飞起来。看到那些小翅膀了吗？翅果旋转的时候，会在翅膀下面形成一股升力，这样它就可以被托起来并被风带到远处。"

"所以这就是一个有三个翅膀的巨型枫树种子飞行器，"帕拉斯说，"你想让它带着我飞起来？"

"把翅膀绑在你的背上就行了，就像这样，"雷奥说，"然后你爬到树上起跳。"

"这样就行？"帕拉斯问。
"没问题。"雷奥回答。

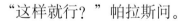

这个古老的风车有一圈旋转的桨叶。

自然界的"直升机"

　　枫树的果实叫作翅果，它有两个小翅膀，每个翅膀里面都有一粒种子。翅果的形状使它能在从树上落下时旋转起来。比起那些直接落到地上的植物种子，枫树种子可以被风带到更远的地方。

枫树的翅果

飞行中的直升机

旋转的桨叶

　　直升机利用环形运动的桨叶升离地面。这些桨叶叫作旋翼，它们又长又薄。旋翼的上面是曲面，下面是平面，这意味着旋翼上面空气的流动速度比下面空气流动的速度快。空气沿桨叶流动的速度不同，使得直升机得以升起并飞行。

齿轮

"哇，那是什么？"看到雷奥刚做好的机器，帕拉斯叫起来。

"这是自动洗猫器。"雷奥说，"我只要转动连在大轮子上的这个把手就能操作整台机器。"

"看到最上面这个轮子上的齿没？这些齿跟它下面轮子的齿咬合在一起，就可以带动下面的轮子跟着转起来。那个轮子上的齿又带动下一个轮子转起来，然后再下一个……"雷奥说。

"真是太棒了！"帕拉斯说，"不过你打算洗哪只猫呢？"

雷奥让帕拉斯在一个地方站好，然后大轮子慢慢转起来，接着水流了下来，洗发水起了泡沫，剪刀开始修剪猫毛，刷子和梳子梳顺了打结的猫毛……

"好了！"雷奥说，"完事儿！"

扣在一起的圆

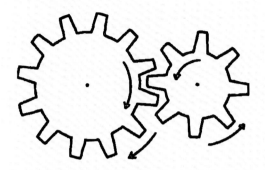

圆周上有齿的轮子叫齿轮。齿轮转动时，它的齿跟旁边齿轮的齿咬合，从而带动旁边的齿轮转起来。

任意数量的齿轮都可以组合在一起，它们转动的原理都是这样的。

这些扣在一起的玩具齿轮，如果其中一个转起来，其他的也会转。

机器上的齿轮

齿轮可以用来把动力从机器的一个部分传递到另一个部分，还可以改变力的方向。如果齿轮大小不一，就可以有提速或减速的作用。

复杂的齿轮装置让指针转动。

大部分自行车都有三个一组的齿轮，这些齿轮可以让自行车改变速度。

切线

"真乱啊，"帕拉斯看着前面的路口说，"每个人都想先过。"
"真是一团糟。"雷奥表示同意。

"我们得做点儿什么，"雷奥接着说，"每到赶集的日子都这样。"

他挠挠头："什么东西可以同时通向各个方向？"
"你的脑子。"帕拉斯笑起来。

"是圆！"雷奥说，"我们需要一个圆以及通向圆的路。这些路可以沿圆的切线方向与圆连接。"

"圆的什么？"帕拉斯问。
"切线。"雷奥解释道，"切线是经过圆周上某一点的直线。就像这样。"

雷奥画了一个圆，有一条线正好碰到它边缘上的一点。
"我们应该规划一个环岛，周围的路以切线的形式进入环形路，而不是现在这样一个乱糟糟的路口。"

几条路以切线形式进入环形路。

环岛

　　环岛是道路系统的一部分，设置在多个路口交汇的地方。环岛能让交通更加顺畅，车辆不必像经过十字路口那样停下。高速公路上的大型环岛一般有很多与之相切的支线。

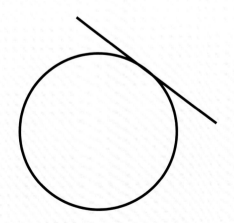

切线

　　切线是一条刚好触碰到圆上某一点的直线，它一定不会与圆上任何一段曲线相交。

　　相切圆是只有一个点重合的两个圆。

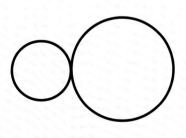

圆中圆

"咱们该练练射箭了，"雷奥说，"我们需要一个靶子，射得越精准，得分就越多。"

"靶子是什么？"帕拉斯问。

"就是在一块板子上圆圈里套圆圈，"雷奥解释道，"看，在这块板子上，最外围是一个大圆圈，再往里，圆圈越来越小，到了中心就是一个大点了，我叫它'猫眼'。"

"不行，"帕拉斯有点儿哆嗦，"正中间的黄点有点儿像我的眼睛，我可不想被误射。"

"开个玩笑。"雷奥说，"它叫靶心。"

同心圆

同心圆就是圆心相同半径不同的圆。每个圆的圆周上的任何一点与另一个圆的距离都是一样的，两个同心圆之间的部分叫环面。

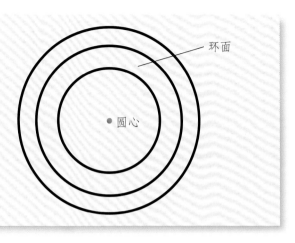

环面

圆心

自然界中的同心圆

往池塘里扔一块石头，水面上会形成同心圆的水波。石头激起的水波以圆形向外扩散，一个套一个，一个比一个大。

洋葱皮一层套着一层，形成了同心圆。

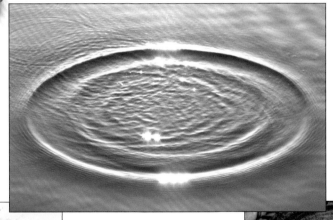

往平静的水面上扔一块石头，水面上会形成同心圆的水波。

树木的年轮是一圈一圈向外生长的。

很多花也会长成同心圆的样子，比如向日葵。

卷和环

"看路，"雷奥说着，一把抓住帕拉斯的尾巴，把它拉到后面。

"啊，"帕拉斯叫起来，"你差点儿把我尾巴扯掉了。"

"是因为你差点儿踩到那个啦！"雷奥指指地上。

地上是一条盘成了一个卷的大青蛇。

雷奥小声说："算你运气好，它在睡觉。咱们走吧。"

"好。"帕拉斯踮着脚尖悄悄走开。

"我也想盘着身子睡觉。"帕拉斯说。

"你？盘起来？"雷奥嘲笑地说，"你连弯腰都难。"

"你看着。"帕拉斯说。

牛仔抡起套索，让套索的圆圈打开，套住前方的牛，把它勒住。

绳子常常被绕成一卷收起来。

过山车载着乘客在环形轨道上一圈一圈地转。

卷和环

卷也是一种曲线，是圈或者环的集合。卷这种形状很常见，比方可以发电的铜线圈。

环是一种和自身相交的曲线形状。

飞去来器

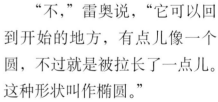

飞去来器的形状像一个翅膀，以特定的方式扔出去后会回到掷者手中。它常被用于运动和娱乐。

"一条曲线可以回到它开始的地方。"雷奥说。

"嗯，"帕拉斯打了个哈欠，"你昨天就告诉我了。"

"我就是想看你记不记得！"雷奥说，"因为今天我要给你看个实例，用我的飞去来器展示。"

"这个我知道，"帕拉斯叫起来，"你扔出去一个棍子，我去追，然后把它捡回来，然后你再扔，我再把它捡回来，然后你……"

"这次你走运了，这个棍子自己会回来，看……"

"这也是一个圆吗？"帕拉斯问。

"不，"雷奥说，"它可以回到开始的地方，有点儿像一个圆，不过就是被拉长了一点儿。这种形状叫作椭圆。"

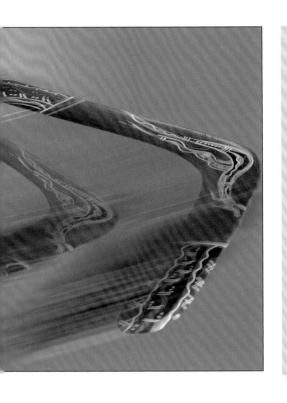

围绕太阳的椭圆

十七世纪，科学家约翰尼斯·开普勒发现行星围绕太阳运行的轨道是椭圆形的。太阳位于所有这些椭圆形轨道的一个焦点上。

椭圆

椭圆就像圆被沿着某个方向拉长了，看起来像个被压扁的圆。

螺旋

"你造了个什么东西？"帕拉斯问。
"螺旋滑梯。"雷奥回答。

"那……"帕拉斯接着问，"我的
意思是——这又是什么新的数学发明
吗？我是不是又得被上一课了？"

"不！这就是为了好玩，"雷奥说，
"我们爬到螺旋滑梯的顶上，然后滑下
来，一圈一圈嗖嗖地滑到底。"

"你知道吗……"帕拉斯说，"嗖
嗖地滑下来不太像猫会做的事情，要
不你先来？"

这个赫赫有名的螺旋楼梯位于梵蒂冈博物馆。

螺旋

螺旋是一条从一个中心点开始环绕延伸的曲线。它沿着中心点旋转，越来越大。

圆锥形螺旋的形状像一个圆锥，它在向下旋转的过程中也越来越大。

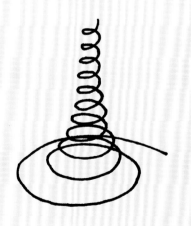

"不过既然你都问了，"雷奥说，"螺旋滑梯基本上是一圈一圈绕起来的曲线，而且一圈比一圈大，这就是螺旋。"

"有的螺旋的旋转形式就像你的棒棒糖表面这样。"

"有的螺旋的旋转形式则像螺旋滑梯一样是圆锥形的。"

鹦鹉螺

鹦鹉螺在地球上已经存在了上亿年，它的形状就是一个螺旋。从中心点向外，鹦鹉螺有一系列的腔室，每四个星期鹦鹉螺就会长出一个新的腔室，腔室构造让鹦鹉螺得以在水中浮沉与移行。

术语

圆的各个部分：

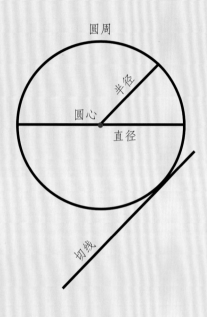

圆周

半径

圆心

直径

切线

圆是一条闭合的曲线，没有终点。

半径是从圆心到圆周的距离。

穿过圆心到圆上两点间的距离叫作直径。

圆的边缘叫作圆周。

索引